AF614587

ISBN 978-3-662-23467-9 ISBN 978-3-662-25522-3 (eBook)
DOI 10.1007/978-3-662-25522-3

Die in den Sitzungsberichten Abtlg. I und Abtlg. II a der math.-nat. Klasse der Österr. Ak. d. Wiss. erscheinenden Abhandlungen werden auch einzeln abgegeben. Sie können durch jede Buchhandlung oder direkt durch die Auslieferungsstelle der Österreichischen Akademie der Wissenschaften (Wien I, Singerstraße 12) bezogen werden.

Nachfolgende Abhandlungen aus dem Fache der **Paläontologie** sind erschienen:

1948 (S I Bd. 157):

Bachmayer F.: Pathogene Wucherungen bei jurassischen Dekapoden (mit 4 Textabbildungen), 8 Seiten. S 4.—

Kamptner E.: Coccolithen aus dem Torton des Inneralpinen Wiener Beckens (mit 2 Tafeln), 16 Seiten. S 12.—

Papp A.: Über das Vorkommen von Crepidula im Miozän des Wiener Beckens (mit 17 Textabbildungen), 11 Seiten. S 6.—

Thenius E.: Fischotter und Bisamspitzmaus aus dem Altquartär von Hundsheim in Niederösterreich (mit 2 Textabbildungen), 15 Seiten. S 8.—

Thenius E.: Über die Entwicklung des Hornzapfens von Miotragocerus (mit 4 Textabbildungen), 18 Seiten. S 8.—

Thenius E.: Bemerkungen über die angeblichen Anchitherium- und Amphicyonidenfährten aus dem Burdigal von Ipolytarnoc (Ungarn) (mit 1 Textabbildung), 7 Seiten. S 6.—

Zapfe H.: Neue Funde von Raubtieren aus dem Unterpliozän des Wiener Beckens (mit 3 Textabbildungen), 19 Seiten. S 10.—

1949 (S I Bd. 158):

Bachmayer F.: Zwei neue Asseln aus dem Oberjurakalk von Ernstbrunn, Niederösterreich (mit 1 Tafel und 7 Textabbildungen), 7 Seiten. S 7.—

Berger W.: Lebensspuren schmarotzender Insekten an jungtertiären Laubblättern (mit 2 Abbildungen und 1 Tafel), 3 Seiten. S 9.20

Papp A.: Bemerkungen über eine Molluskenfauna aus Karaman in Cilicien, 3 Seiten. S 2.40

Papp A.: Über Lebensspuren aus dem Jungtertiär des Wiener Beckens, 4 Seiten. S 1.40

Papp A. und Thenius E.: Über die Grundlagen der Gliederung des Jungtertiärs und Quartärs in Niederösterreich unter besonderer Berücksichtigung der Mio-Pliozän- und Tertiär-Quartär-Grenze (mit 1 Beilage), 24 Seiten. S 15.80

Tauber A. P.: Über Resorptionsdefekte am Gebiß beim Zahnwechsel rezenter und fossiler Wirbeltiere (mit 6 Textabbildungen), 15 Seiten. S 8.40

Thenius E.: Über Gebißanomalien und pathologische Erscheinungen bei fossilen Säugetieren (mit 4 Textabbildungen), 15 Seiten. S 11.60

Thenius E.: Der erste Nachweis einer fossilen Blindmaus (Spalax hungaricus Nehr) in Österreich (mit 1 Textabbildung), 11 Seiten. S 7.40

Thenius E.: Die Lutrinen des steirischen Tertiärs. Beiträge zur Kenntnis der Säugetierreste des steirischen Tertiärs, I. (mit 4 Textabbildungen), 22 Seiten. S 15.—

Thenius E.: Über die systematische und phylogenetische Stellung der Genera Promeles und Semantor, 13 Seiten. S 9.60

Thenius E.: Über die Gehörregion von Indarctos (Ursidae, Mamm.) (mit 2 Textabbildungen), 6 Seiten. S 4.—

Thenius E.: Zur Revision der Insektivoren des steirischen Tertiärs. Beiträge zur Kenntnis der Säugetierreste des steirischen Tertiärs, II. (mit 5 Abbildungen und 5 Tabellen), 22 Seiten. S 15.60

Thenius E.: Die Carnivoren von Göriach (Steiermark). Beiträge zur Kenntnis der Säugetierreste des steirischen Tertiärs, IV. (mit 15 Abbildungen), 67 Seiten. S 31.60

Thenius E.: Martes gamlitzensis H. v. Meyer. Beiträge zur Kenntnis der Säugetierreste des steirischen Tertiärs, III., 4 Seiten. S 4.—

Thenius E.: Zur Herkunft der Simocyniden (Canidae, Mammalia). Eine phylogenetische Studie (mit 2 Textabbildungen), 11 Seiten. S 7.—

1950 (S I Bd. 159):

Berger Walter: Pflanzenreste aus dem Wienerwaldflysch (mit 2 Tafeln), 13 Seiten. S 13.60

Berger Walter: Ein paläobotanischer Beitrag zur Deutung des Pannons im Wiener Becken (mit 1 Karte), 9 Seiten. S 6.60

Berger Walter: Die Pflanzenreste aus den unterpliozänen Congerienschichten von Brunn-Vösendorf b. Wien (vorläufiger Bericht), 12 Seiten. S 8.60

Schouppé Alexander: Kritische Betrachtungen zu den Rugosen-Genera des Formenkreises Tryplasma Lonsd.-Polyorophe Lindstr., 10 Seiten. S 7.20

Tauber A. F.: Sphaeoma bachmayeri nov. sp. eine Schwimmassel aus dem Torton des Wiener Beckens (mit 2 Textabbildungen), 7 Seiten. S 5.40

Isopodenreste aus der altplistozänen Spaltenfüllung von Hundsheim bei Deutsch-Altenburg (Niederösterreich)

Von Direktor Univ.-Prof. Dr. Hans Strouhal
(Naturhistorisches Museum, Wien)

Mit 7 Textabbildungen und 2 Tafeln

(Vorgelegt in der Sitzung am 28. Jänner 1954)

Unter den altplistozänen Tierresten, die in der am Südhang des Hundsheimer Kogels gelegenen Felsspalte, die wahrscheinlich auf eine Spaltenhöhle zurückgeht, ausgegraben wurden, fanden sich auch versinterte Teile von drei Landisopoden und einer aquatilen Asselart, die vielleicht einst ein Höhlengewässer bewohnt hat. Das überaus interessante Material, das den Sammlungen des Paläontologischen und Paläobiologischen Instituts der Wiener Universität angehört, wurde mir zur Bearbeitung übergeben, wofür ich dem Leiter des Instituts, Herrn Univ.-Prof. Dr. Othmar Kühn, bestens danke.

Die Reste der terrestren Asseln sind in einem Zustand, der es ohne weiteres ermöglicht, auf die Gattungszugehörigkeit schließen zu können, obwohl vom Körper der Tiere nicht viel erhalten ist[1]. Dabei sind es — und darüber herrscht kein Zweifel — Gattungen, die auch in der Jetztzeit noch im Fundortsgebiete vertreten sind: *Porcellio* Latr., *Protracheoniscus* Verh. und *Armadillidium* Brdt. In keinem Falle läßt sich aber einwandfrei feststellen, um welche Spezies es sich handelt. Dazu fehlen die artspezifischen Merkmale.

Bachmayer (1953, 27—29) geht bei der Determinierung der an derselben Örtlichkeit aufgefundenen Myriopodenreste weiter und identifiziert sie mit drei rezenten, heute in der gleichen Gegend

[1] Nähere Angaben über die Fossilisation der Tiere machte bereits Bachmayer (1953, 27). Er bringt auch eine Liste jener Arbeiten, die bisher über die altplistozäne Fauna von Hundsheim veröffentlicht worden sind.

noch vorkommenden Arten: *Polydesmus edentulus* C. L. Koch, *P. complanatus illyricus* Verh. und *Unciger foetidus* C. L. Koch.

Das vierte Isopodenfossil ist von mancherlei besonderem Interesse. Es erwies sich als eine in der heutigen Fauna nicht mehr vertretene Form mit Beziehungen zu den Monolistrini, einer Tribus der Sphaeromidae, Subfamilie Sphaerominae, die ausschließlich Bewohner von Höhlengewässern sind. Die im Vergleich zu den spezialisierten Monolistrinen als ursprünglich anzusprechende Assel wird als neue Art beschrieben; sie ist der Vertreter einer neuen Gattung und sogar einer neuen Subfamilie.

U.-Ordn.: Oniscoidea.

Fam.: Porcellionidae.

U.-Fam.: Porcellioninae.

Porcellio (Porcellio) cf. *scaber* Latr. (Abb. 1 u. Tafel 1, Fig. 1).

Erhalten sind lediglich in drei Stückchen zerfallene Teile des 1. bis 3. Thorakalsegments. Vom 1. Segment ist es der hintere Abschnitt der Mitte, der eine deutliche Höckerung zeigt, die aus kräftigen rundlichen Körnern besteht. Zwischen dieser und dem mit ein paar kleinen, noch wahrnehmbaren Körnern besetzten Hinterrande ist eine körnerlose, parallel zum Rande ziehende seichte Querfurche. Der Hinterrand der erhaltenen linken Hälfte des 2. Thorakaltergits ist seitlich kräftig bogenförmig eingebuchtet; der Epimerenhinterzipfel ragt abgerundet-dreieckig nach hinten

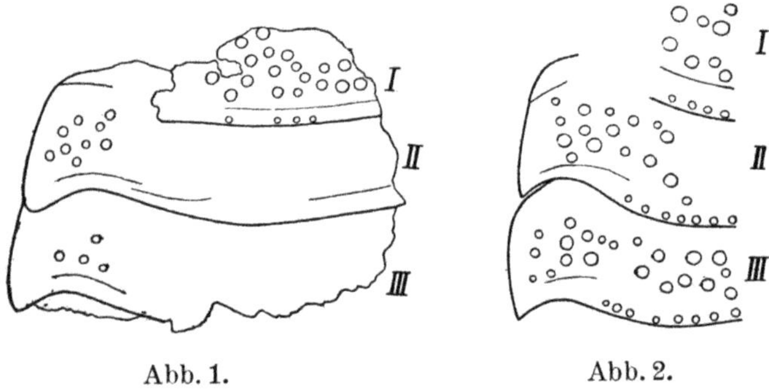

Abb. 1. *Porcellio* (*Porcellio*) cf. *scaber* Latr., aus dem Altplistozän von Hundsheim (Niederösterreich), Teile des 1.—3. Thorakaltergits (*I—III*), 10 ×.

Abb. 2. *Porcellio* (*Porcellio*) *scaber scaber* Latr., ♀ (11,6 mm lang, Wien), 1.—3. Thorakaltergit (*I—III*), 10 ×.

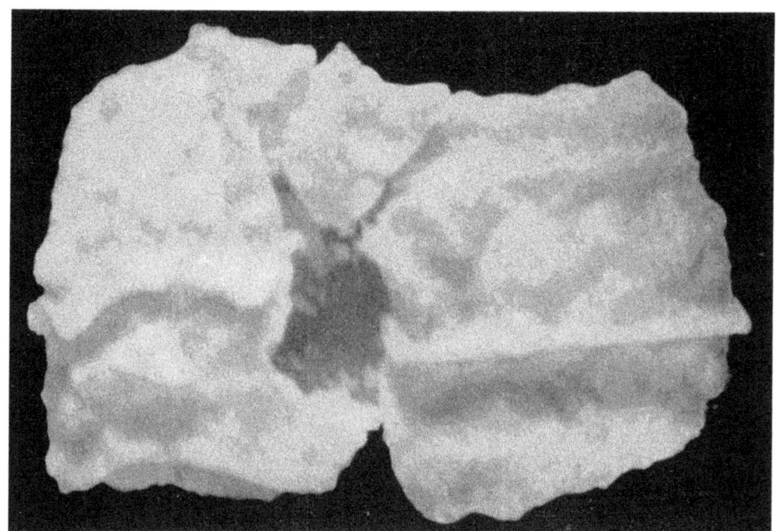

Fig. 1.

Fig. 2.

Figurenerklärung am Ende des Aufsatzes.

vor. Vor der Einbuchtung, auf dem Epimerum, liegen mehrere größere, schwach ausgeprägte Körner. Der linke Teil des 3. thorakalen Tergits hat an der Seite am Hinterrande ebenfalls eine kräftige bogenförmige, wenn auch nicht mehr so wie am 2. Tergit tiefe Einbuchtung und auch einen abgerundet-dreieckigen Epimerenhinterzipfel. Auf dem Epimer, vor der Einbuchtung, liegen ganz wenige Körner. Durch die stärkere Verkrustung ist eine mediane Körnelung des 2. und 3. Tergits nicht sichtbar, doch ist eine solche anzunehmen; ebenso auch eine schwächere Körnerreihe am Hinterrande der beiden Segmente. An der Unterseite ist noch ein Teil der Basipoditen des linken 2. und 3. Thorakalbeines erhalten.

Die Körnelung des Rückens und die seitlichen kräftigen, bogenförmigen Einbuchtungen am Hinterrande des 2. und 3. Thorakaltergits erinnern sehr an die auch heute im Gebiete vorkommenden Arten von *Porcellio* Latr. s. str., weniger an die ebenfalls dort vertretene Gattung *Trachelipus* B.-L. (=*Tracheoniscus* Verh.). Besonders groß ist die Ähnlichkeit mit *Porcellio (Porcellio) scaber scaber* Latr. (Abb. 2) von einer Körperlänge von etwa 11,5 mm. Wie bei diesem, ist auch beim Fossil die Einbuchtung am Hinterrande des 3. Thorakalsegmentes kräftig, nur sind die Hinterzipfel des 3. und auch des 2. Epimerum breiter abgerundet als bei *scaber*. Bei *Porcellio (Porcellio) spinicornis* Say, der zweiten eventuell in Frage kommenden Art, sind allerdings die seitlichen bogigen Einbuchtungen des 3. Thorakalsegmentes merklich flacher. Wenn auch heute *scaber* eine vorwiegend synanthrope und weltweit verschleppte Assel ist, ursprünglich war sie eine autochthone atlantische Form.

U.-Fam.: Trachelipinae.

Protracheoniscus (Protracheoniscus) cf. *amoenus* C. L. Koch (Abb. 3 u. Tafel 1, Fig. 2).

Es liegt der Großteil des Thorax vor: 2. bis 4. Tergit sind fast vollständig, vom 1., 5. und 6. Tergit sind Teilstücke erhalten. Außer Teilen der Sterna sind noch die basalen Glieder mehrerer Beine vorhanden: an der rechten Seite vom 2. und 4. Bein der Basi-, Ischio-, Mero- und Carpopodit, vom 3. Bein der Basi- und Ischiopodit, vom 6. Bein der Basi-, Ischio- und Meropodit, während das 5. Bein fast ganz ist, es fehlt ihm nur das Ende des Propoditen und der Dactylopodit; an der linken Seite sind nur die Basipoditen des 2. und 3. Beines und die Basi- und Ischiopoditen des 4. und 5. Beines da. Die größte Breite weist der Thorax im Bereich des

Verhältnis der Längen Seitenknötchen—Tergit-

bei	P. (P.) sp.	P. (P.) amoenus			
	fossil	re-			
Thorax-Tergit	Hundsheim Nied.-Österr. ? etwa 8 mm lang	Mödling Nied.-Österr. ♂ 8,5 mm lang	Baden Nied.-Österr. ♀ 9 mm lang	Ober-Piesting Nied.-Österr. ♀ 10 mm lang	Villach Kärnten ♂ 11 mm lang
II	12 : 10	11 : 8*)	14 : 11	15 : 12	14 : 12
III	12 : 9	11 : 8	15 : 10*)	16 : 11*)	14 : 10
IV	13 : 7	11 : 6	15 : 7*)	16 : 9	13 : 7
V	11 : 4	9 : 3	13 : 4*)	15 : 6	10 : 5*)

*) vom Fossil stärker abweichend.

5. Segmentes auf; sie beträgt 4 mm. Diese Breite entspricht einer Körperlänge von rund 8 mm. Am Seitenrande der Tergite finden sich deutliche Längsfurchen. Die Epimeren tragen am Grunde Seitenknötchen, die auf den Tergiten II—IV ungefähr gleich weit vom Seitenrande entfernt sind, also auf fast gleicher Höhe liegen; auf dem Tergit V steht das Seitenknötchen dem Seitenrande etwas näher. Die Entfernung des Knötchens vom Hinterrande des Tergits nimmt von vorn nach hinten allmählich ab. Das Geschlecht ist nicht feststellbar.

Der an den Seiten gerade verlaufende Hinterrand des 1. Thorakaltergits, die Seitenrandfurchen der Epimeren und die Lage der Seitenknötchen charakterisieren eine Artengruppe der Gattung *Protracheoniscus* Verh. s. str. Von den im mitteleuropäischen Raume verbreiteten rezenten Arten dieser Gruppe kommen *P. amoenus* C. L. Koch und *P. politus* C. L. Koch in Frage, die sich nur im männlichen Geschlecht nach den 1. Pleopoden unterscheiden lassen. In der Lage der Seitenknötchen stimmt das Fossil sowohl mit *Protracheoniscus (P.) amoenus amoenus* als auch mit *P. (P.) politus politus* weitgehend überein (siehe Tabelle). Dabei ist zu bemerken, daß das Längenverhältnis Seitenknötchen—Tergitseitenrand : Seitenknötchen—Tergithinterrand auf den daraufhin untersuchten thorakalen Tergiten II—V, wie schon die wenigen Beispiele zeigen, einigermaßen variabel ist, wobei die Verschieden-

seitenrand: Seitenknötchen—Tergithinterrand.

amoenus		*P. (P.) politus politus*		
zent				
Villach Kärnten ♀ 9 mm lang	Waltersdorf Ost-steiermark ♀ 8 mm lang	Thaya Nied.-Österr. ♂ 6,5 mm lang	Thaya Nied.-Österr. ♀ (in Halbhäutung) 7,6 mm lang	Waidhofen a. Thaya Nied.-Österr. ♀ 6,5 mm lang
13 : 12*)	13 : 11	8 : 7	9 : 7,5	8 : 7
13 : 10	13 : 9*)	8 : 6	8,5 : 7	8 : 6
13 : 7	13 : 7	8 : 4,5	8 : 5*)	8 : 5*)
12 : 5*)	12 : 4	6,5 : 3*)	8 : 3	7 : 3

*) vom Fossil stärker abweichend.

heit weder geographisch noch durch das Alter oder das Geschlecht bedingt ist. *P. politus* ist heute von Bayern, Thüringen und Sachsen über Oberösterreich, das nördliche Niederösterreich, die Tschecho-

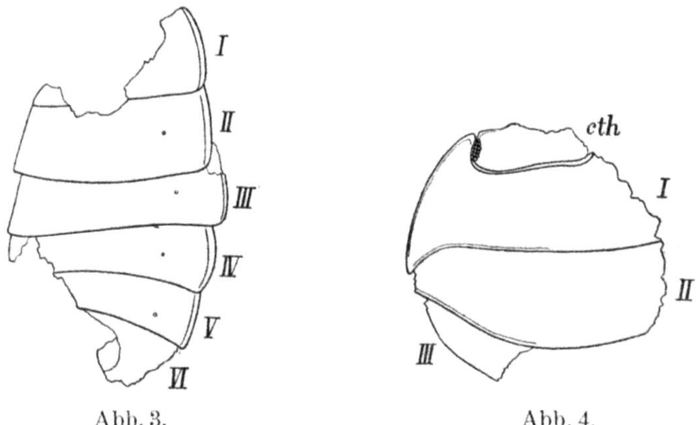

Abb. 3. *Protracheoniscus* (*Protracheoniscus*) cf. *amoenus* C. L. Koch aus dem Altplistozän von Hundsheim, 1.—6. Thorakaltergit (*I—VI*), 10 ×.

Abb. 4. *Armadillidium* (*Armadillidium*) cf. *carniolense* Verh. aus dem Altplistozän von Hundsheim, Cephalothorax (*cth*) und die vordersten Thorakaltergite (*I—III*), 6,7 ×.

slowakei bis Galizien und Bessarabien verbreitet; in Niederösterreich wurde diese Art bisher südlich der Donau nicht beobachtet. Dagegen ist *P. amoenus* eine vorwiegend südöstliche Art, die in der typischen Form über Südosteuropa einschließlich südöstliches Mitteleuropa weit verbreitet ist und auch im Fundortsgebiet des Fossils vorkommt (Strouhal 1947; 1951, 120). Trotz alledem kann dessen Identifizierung mit *P. amoenus* nicht erfolgen, da die die artspezifischen Merkmale liefernden 1. Pleopoden des ♂ unbekannt sind.

Fam.: Armadillidiidae.

Armadillidium (Armadillidium) cf. *carniolense* Verh. (Abb. 4 u. Tafel 2, Fig. 3).

Das Fossil weist stellenweise eine stärkere Versinterung auf, so daß die Grenzen zwischen den erhalten gebliebenen wenigen Körperabschnitten größtenteils nur schwer wahrnehmbar sind. Erhalten sind die linke und hintere Partie des Cephalothorax (*cth*) mit einem Stück der linken Stirnseitenkante, ferner vom 1. Thorakaltergit (*I*) die Mitte und das linke Epimerum mit vermutlich bogenförmig eingebuchtetem Hinterrand und einem nach hinten vorspringenden Epimerenhinterzipfel, vom 2. Tergit (*II*) ein Großteil der mittleren Partie mit einem beträchtlichen Stück des gut erkennbaren Hinterrandes und schließlich noch ein kleines Stückchen vom 3. Tergit (*III*).

Ohne Zweifel handelt es sich bei diesem Rest um die Gattung *Armadillidium* Brdt. Der nur wenig gewölbte, seitlich schräg abfallende Rücken, eine wenn auch nur schwache Aufkrempung des Epimerenvorderzipfels des 1. Thorakaltergits, was in der Seitenansicht feststellbar ist, das normal große Epimerum des 1. Segmentes, dessen Seitenrand gleichmäßig gebogen und also vor dem Epimerenhinterzipfel nicht eingebuchtet ist, die glatte, ungekörnte Rückenfläche und die nicht lappenartig vorgezogene Seitenkante der Stirn lassen erkennen, daß die Rollassel zur *simoni*-Gruppe (Strouhal 1927, 11, 12) gehört. Zwar ist die mittlere, für die *Armadillidium*-Arten überaus charakteristische Stirnregion nicht erhalten, trotzdem steht fest, daß die Assel eine Stirnplatte besaß, die mindestens dreimal so breit wie lang war. Es käme sonst nur noch eine höchstens zweimal so breite wie lange Stirnplatte in Frage, doch ist eine solche bei den heutigen Arten stets nur zusammen mit einer Körnelung des Rückens anzutreffen. Die *simoni*-Gruppe, die sich mit der *carniolense-opacum*-Gruppe der *Armadillidium*-Untergattung *Pseudosphaerium* (Verhoeff 1931, 497) deckt, ist im Mediterrangebiet sehr artenreich; nur zwei Arten

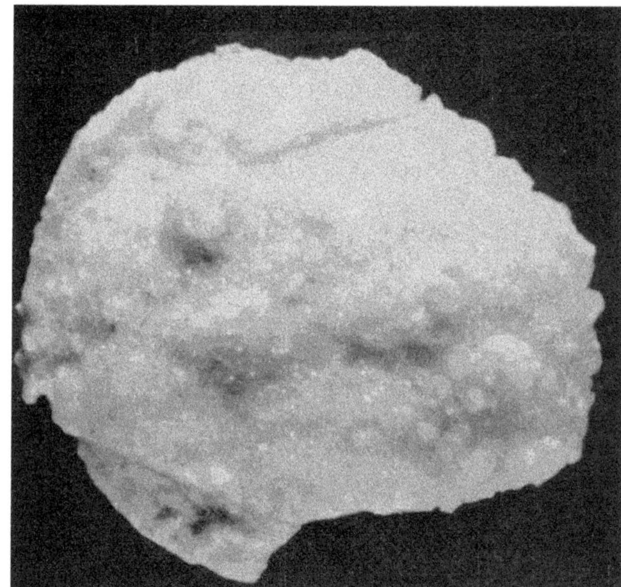

Fig. 3.

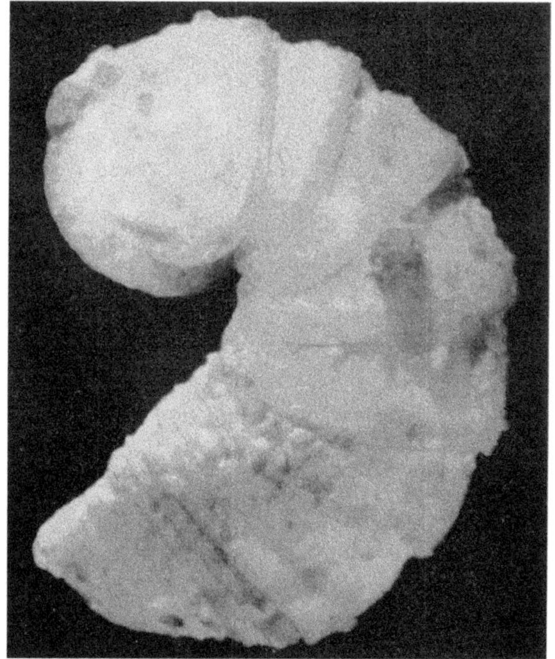

Fig. 4.

Figurenerklärung am Ende des Aufsatzes.

dieser Gruppe kommen in Europa auch noch weiter nördlich vor: das südwesteuropäische *A. opacum* C. L. Koch, das bis Nordeuropa geht, und das für uns besonders interessante *A. carniolense* Verh., eine südostalpenländische Art, die heute von Kroatien und Krain nordwärts bis Nord- und Oststeiermark verbreitet ist (Strouhal 1951, 125).

Ein Vergleich des Asselrestes mit einem Weibchen von *A. carniolense* (10,5 mm lang), das vom Dornerkogel bei St. Erhard, Oststeiermark, stammt, ergab eine weitgehende Übereinstimmung. Da aber artspezifische Merkmale nicht vorliegen, bleibt die Frage unbeantwortet, ob es sich auch um *A. carniolense* handelt oder um eine andere, diesem jedoch nachstehende, vielleicht auch heute nicht mehr existierenden Spezies.

U.-Ordn.: Flabellifera.

Fam.: Sphaeromidae.

U.-Fam.: Pleistosphaerominae nov. subfam.

Pleistosphaeroma hundsheimensis nov. gen., nov. spec. (Abb. 5 bis 7 u. Tafel 2, Fig. 4).

Verhältnismäßig recht gut erhalten sind sämtliche Tergite des Rumpfes, während die inneren und ventralen Teile dieses Körperabschnittes einschließlich der Beine nicht vorhanden sind. Der Thorax (Abb. 5) besteht aus 7 freien Segmenten; am Abdomen lassen sich 3 basale freie Segmente und das Telson unterscheiden. Das basale erste Segment ist wohl aus einer Verschmelzung der ersten drei Abdominalsegmente hervorgegangen. Der Cephalothorax ist nicht vorhanden. Er saß in einer breiten, flachen, abgerundet-trapezförmigen Einbuchtung am Vorderrande des 1. Thorakalsegmentes (Abb. 6). Der Rücken ist hochgewölbt, seine Seiten fallen steil ab; die Rückenfläche ist völlig glatt. Das 1. Tergit des Thorax ist länger und also größer als die folgenden gleich langen thorakalen Tergite. Jederseits hinten, von oben nicht sichtbar, hat das 1. Tergit (Abb. 5, *I*) einen Längsspalt, der zwischen zwei rundlichen Lappen liegt. Der quer verlaufende gerade Tergithinterrand geht seitlich in den nach vorn gebogenen Rand des äußeren Lappens, der gerundete Tergitseitenrand geht in den ebenfalls gebogenen Rand des inneren Lappens über. Die beiden das Schisma begrenzenden Lappen reichen gleich weit nach hinten. Die kleinen, mit den Tergiten verschmolzenen Epimeren der folgenden Thorakalsegmente II—VII und auch der drei basalen Segmente des Abdomens sind außen einfach abgerundete Platten; der gerade Hinterrand aller dieser freien Segmente setzt sich außen direkt in den etwa kreisabschnittförmig gebogenen Epimerenseitenrand fort. Die größte Breite weist der Körper im Bereich des 5. Thorakalsegmentes auf. Das Abdomen (Abb. 7) nimmt nach hinten rasch an Breite ab. Das verhältnismäßig große Telson ist oben hinter der Mitte schwach buckelartig aufgetrieben, hinten an den Seiten ist es breit

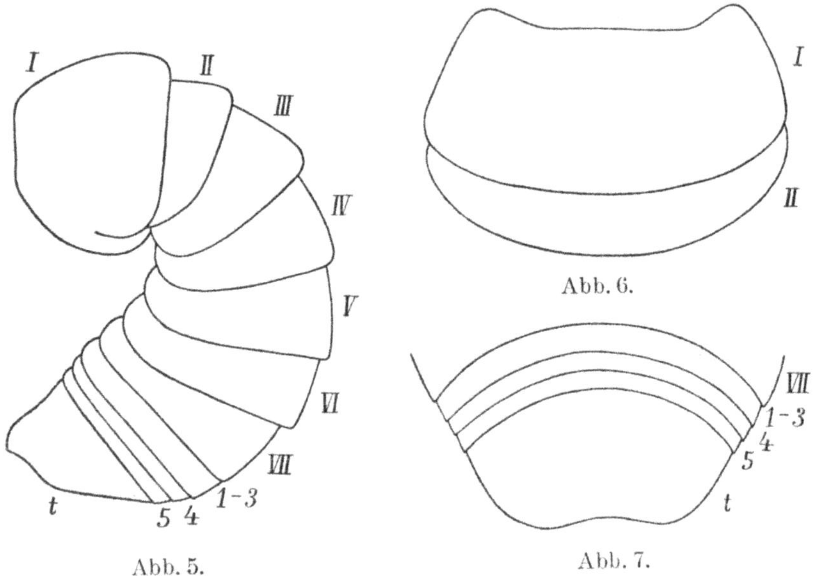

Abb. 5. *Pleistosphaeroma hundsheimensis* nov. gen. nov. spec. aus dem Altplistozän von Hundsheim, Seitenansicht, *I—VII* 1.—7. Thorakalsegment, *1—5* 1.—5. Abdominalsegment, *t* Telson, 10 ×.

Abb. 6. *Pleistosphaeroma hundsheimensis* nov. gen. nov. spec. aus dem Altplistozän von Hundsheim, 1. und 2. Thorakalsegment (*I*, *II*) von oben, 10 ×.

Abb. 7. *Pleistosphaeroma hundsheimensis* nov. gen. nov. spec. aus dem Altplistozän von Hundsheim, Hinterende, *VII* 7. Thorakaltergit, *1—5* 1.—5. Abdominaltergit, *t* Telson, 10 ×.

abgerundet, am Hinterrand in der Mitte im Bogen eingebuchtet. Von Uropoden ist nichts feststellbar, sie sind zweifellos rückgebildet. Die Tergite zeigen Besonderheiten im Bau, die im Zusammenhang mit dem Vermögen der Tiere, sich zu einer Kugel vollkommen einzurollen, stehen. Das vorliegende Objekt befindet sich im Stadium der beginnenden Einrollung. Zu den Anpassungen an die Volvation zählen die seitlichen Einschnitte am 1. Thorakaltergit, in die die beim Einrollen sich zusammenschiebenden Epimeralplatten der nachfolgenden freien Rumpfsegmente gelangen, ferner die Einbuchtung am Hinterrande des Telson und dessen ventrale, in der dorsalen medianen Beule des Telson sich äußernde Aushöhlung, die bei der Einrollung zur Aufnahme der vorderen Kopfpartie des Cephalothorax diente, wobei sich die beiden Körperenden so aneinander schmiegten, daß es zu einem dichten Verschluß der Kugel kam. Die längeren, sonst vorragenden Antennen wurden dabei versteckt. Ganz das gleiche findet sich bei allen rezenten echten Kuglern unter den Isopoden. Auch die Rückbildung der Uropoden geht darauf zurück. Länge: etwa 10 mm, Breite: 5 mm.

Der zu einer Kugel einrollbare Körper, die 7 freien Thorakalsegmente und das große Telson charakterisieren das Fossil als Angehörigen der Familie Sphaeromidae. Es läßt sich aber in keine der von Hansen (1905, 98 ff.) unterschiedenen drei rezenten Unterfamilien einreihen. Am nächsten steht es noch den Sphaerominae, doch zeigt es mehrere ursprüngliche Merkmale, in denen es sich weitgehend von dieser Subfamilie unterscheidet, so daß die Aufstellung einer neuen Unterfamilie gerechtfertigt erscheint. Ganz besonders die Epimeren der Thorakal- und Abdominalsegmente sind bei den Sphaerominen im Zusammenhang mit dem Einrollungsvermögen ganz andersartig und komplizierter gebaut. Die beiden Unterfamilien lassen sich folgendermaßen voneinander trennen:

Pleistosphaerominae nov. subfam.: Die 1. Thorakalepimeren hinten mit Schisma; die Epimeren des 2. bis 7. Thorakalsegmentes sind kleine, gerundete, mit ihrem Tergit ganz verschmolzene, von diesem auch nicht durch eine Längsnaht abgesonderte Platten. 1. bis 3. Abdominalsegment zu einem einheitlichen Segment völlig verschmolzen, 4. und 5. Segment des Abdomens und Telson sind freie, voneinander vollkommen getrennte und beweglich abgesetzte Segmente. Uropoden gänzlich (?) rückgebildet.

Sphaerominae Hansen: Die 1. Thorakalepimeren ohne Schisma, an der Unterseite mit breiter Fläche. Die Epimeren des 2. bis 7. Thorakalsegmentes weit ausladend, rechteckig bis dreieckig und zugespitzt; sie sind mit ihrem Tergit verschmolzen, häufig jedoch durch eine Längsnaht von diesem abgesondert. 1. bis 5. Abdominalsegment miteinander verschmolzen, dorsal nur durch unvollständige Querfurchen getrennt. Telson beweglich abgesetzt oder dorsal in der Mitte mit dem 5. Segment breit verbunden und unbeweglich. Uropoden vorhanden oder rudimentär oder ganz rückgebildet.

Pleistosphaeroma hundsheimensis erinnert in ihrem ganzen Habitus an die uropodenlosen Monolistrini, Subgenus *Typhlosphaeroma* Racov. des Genus *Monolistra* Gerstaecker und Subgenus *Vireia* Viré des Genus *Caecosphaeroma* Dollf. (Racovitza 1910, 681). Diese platybranchiaten Sphaerominen (im Sinne von Hansen 1905) führen, gleich den übrigen Monolistrinen, eine subterrane aquatile Lebensweise; sie sind Bewohner von Höhlengewässern. *Monolistra* ist, soweit heute bekannt, über den östlichen Teil der südlichen Kalkalpen mit seinen Vorgebirgen und die östlichen Randgebirge der Adria von den Monti Lessini und Colli Berici über Friaul, Krain bis Herzegowina verbreitet (Stammer 1930, 304). Die Gattung *Caecosphaeroma* kommt einerseits in der Untergattung *Caecosphaeroma* in den ostfranzösischen Departements Doubs und Jura, andrerseits in der Untergattung *Vireia* nordwestlich davon, in den Departements Côte-d'Or und Yonne, vor (Wolf 1934—1938, vol. 3, 91).

Nach Stammer (1930, 304) handelt es sich bei *Monolistra* „um eine zweifellos sehr alte Gattung mit geschlossenem Verbreitungsgebiet, deren marine Vorfahren, sei es direkt vom Meere aus, sei es nach zuerst erfolgter Einwanderung in das oberirdische Süßwasser, von diesem aus zum Höhlenleben übergegangen sind". Dasselbe gilt wohl auch für die binnenländische Gattung *Caecosphaeroma* und für die nun aus dem Gebiete der Hainburger Berge bekanntgewordene fossile Gattung *Pleistosphaeroma*. Nur steht nicht fest, ob *P. hundsheimensis* auch schon eine Höhlenassel war; nach ihrer Auffindung in einer Felsspalte wäre es möglich. Jedenfalls ist sicher, daß sie, gleich den ihr am nächsten stehenden Monolistrinen, im Süßwasser gelebt hat.

Ein Schisma an den 1. Thorakalepimeren von ähnlicher Ausbildung wie *Pleistosphaeroma*, ebenfalls in Anpassung an ein vollkommenes Einrollungsvermögen, besitzen von den rezenten Isopoden die im Mediterrangebiet verbreiteten terrestren Schiziinae (Arcangeli 1943—1948). Die Arten dieser Armadillidiidae-Unterfamilie haben aber neben wohl ausgebildeten fünf abdominalen Segmenten nur ein kleines Telson, und, wie bei *Armadillidium* Brdt., liegen zwischen diesem und den Epimeren des 5. abdominalen Segmentes von den Uropoden die Exopoditen. Andrerseits hat *Pleistosphaeroma* auf den 1. thorakalen Epimeren keine Randfurche. Das Schisma dürfte demnach auf eine andere Art zustande gekommen sein und nicht wie bei *Schizidium* Verh., bei dem nach Verhoeff (1901, 36; 1923, t. 1, f. 8) die Coxopoditrippe zum Seitenrande des Tergits geworden ist.

Literaturverzeichnis.

Arcangeli, A. (1943—48): Schizidiinae sottofamiglia di Armadillidiidae (Crostacei Isopodi Terrestri). Boll. Ist. Mus. Zool. Univ. Torino, 1, nr. 15, 213—272. Torino.

Bachmayer, F. (1953): Die Myriopodenreste aus der altplistozänen Spaltenfüllung von Hundsheim bei Deutsch-Altenburg (Niederösterreich). Sitz.-Ber. Österr. Akad. Wiss. Wien, math.-nat. Kl., Abt. I, 162, 25—30. Wien.

Hansen, H. J. (1905): On the Propagation, Structure, and Classification of the Family Sphaeromidae. Quart. J. micr. Sci., n. s., 49 (1906), 69—135. London.

Racovitza, E.-G. (1910): Sphéromiens (première série) et Révision des Monolistrini (Isopodes sphéromiens). Arch. Zool. expér., sér. 5, 4, 625—758. Paris.

Stammer, H. J. (1930): Eine neue Höhlensphäromide aus dem Karst, Monolistra (Typhlosphaeroma) schottlaenderi, und die Verbreitung des Genus Monolistra. Zool. Anz., 88, 291—304. Leipzig.

Strouhal, H. (1927): Zur Kenntnis der Untergattung Armadillidium Verh. (Isop. terr.). Zool. Anz., 74, 5—34. Leipzig.

— (1947): Protracheoniscus amoenus C. L. Koch (= politus Verh.) und P. politus C. L. Koch (= saxonicus Verh.). Fragm. Faun. Hung., 10, 50—55. Budapest.

— (1951): Die österreichischen Landisopoden, ihre Herkunft und ihre Beziehungen zu den Nachbarländern. Verh. Zool.-Bot. Ges. Wien, 92, 116—142. Wien.

Verhoeff, K. W. (1901): Über paläarktische Isopoden. (3. Aufsatz.) Zool. Anz., 24, 33—41. Leipzig.

— (1931): Über Isopoda terrestria aus Italien. 45. Isopoden-Aufsatz. Zool. Jahrb. (Systematik), 60, 489—572. Jena.

Wolf, B. (1934—38): Animalium Cavernarum Catalogus. 3 Bde. Berlin.

Erklärung der Tafelfiguren.

Fig. 1—4. Isopodenreste aus dem Plistozän von Hundsheim (Niederösterreich), phot. J. Petrak.

Tafel 1.

Fig. 1. *Porcellio (Porcellio)* cf. *scaber* Latr., Teile des 1.—3. Thorakalsegmentes, 20 ×.

Fig. 2. *Protracheoniscus (Protracheoniscus)* cf. *amoenus* C. L. Koch, 1.—6. Thorakalsegment, 20 ×.

Tafel 2.

Fig. 3. *Armadillidium (Armadillidium)* cf. *carniolense* Verh., Cephalothorax und 1.—3. Thorakalsegment, 14 ×.

Fig. 4. *Pleistosphaeroma hundsheimensis* nov. gen. nov. spec., Seitenansicht, 14 ×.

Thenius E.: Postpotamochoerus nov. subgen. hyotherioides aus dem Unterpliozän von Samos (Griechenland) und die Herkunft der Potamochoeren (mit 2 Textabbildungen), 11 Seiten. S 8.—

Thenius E.: Die tertiären Lagomeryciden und Cerviden der Steiermark. Beiträge zur Kenntnis der Säugetierreste des steirischen Tertiärs, V. (mit 10 Textabbildungen), 35 Seiten. S 26.40

Weinfurter E.: Die oberpannonische Fischfauna vom Eichkogel bei Mödling (mit 2 Tafeln), 13 Seiten. S 13.—

Zapfe H.: Die Fauna der miozänen Spaltenfüllung von Neudorf an der March (CSR): Chiroptera (mit 9 Textabbildungen), 32 Seiten. S 13.40

Zapfe H.: Die Fauna der miozänen Spaltenfüllung von Neudorf an der March (ČSR): Carnivora (mit 17 Textabbildungen), 31 Seiten. S 27.—

1951 (S I Bd. 160):

Bachmayer F. und Papp A.: (Wien) Lebensspuren aus dem französischen Jura und dem Schlier Österreichs (mit 3 Tafeln), 7 Seiten. S 4.80

Berger W.: Pflanzenreste aus dem Tortonischen Tegel von Theben-Neudorf bei Preßburg (mit 12 Textabbildungen), 5 Seiten. S 2.80

Berger W.: Die Pflanzenreste aus den unterpliozänen Congerienschichten des Laaerberges in Wien (vorläufiger Bericht), 11 Seiten. S 6.—

Ehrenberg Kurt: Beobachtungen über Lebensspuren und Nahrungsweise der Bisamratte (Fiber zibethicus L.) (mit 3 Tafeln), 21 Seiten. S 14.—

Kahler F.: Über die Bruchfestigkeit einiger Typen von Fusulinidenschalen (mit 5 Textabbildungen), 9 Seiten. S 5.—

Kamptner E.: Über das Auftreten der Codiaceen-Gattung Cayeuxia Frollo im Ober-Jura von Ernstbrunn (Niederösterreich) (mit 1 Tafel), 20 Seiten. S 15.60

Papp A.: Charophytenreste aus dem Jungtertiär Österreichs (mit 4 Tafeln und 1 Textabbildung), 14 Seiten. S 10.60

Papp A. und Mandl K.: Insekten aus den Congerienschichten des Wiener Beckens (mit 5 Textabbildungen und 2 Bildern auf einer Tafel), 7 Seiten. S 4.60

Schouppé A.: Beitrag zur Kenntnis des Baues und der Untergliederung des Rugosen-Genus Syringaxon Lindström (mit 2 Textabbildungen), 9 Seiten. S 5.—

Schouppé A.: Kritische Betrachtungen und Revision des Genusbegriffes Entelophyllum Wdk. nebst einigen Bemerkungen zu Wedekinds „Kyphophyllidae" und „Kodonophyllidae" (mit 3 Textabbildungen und 2 Tafeln), 13 Seiten. S 7.40

Schouppé A.: Kritische Betrachtungen zu den Tabulaten-Genera des Formenkreises Thammnopora-Alveolites und ihren gegenseitigen Beziehungen, 15 Seiten. S 6.40

Tauber A. F.: Tripneustes ventricosus austriacus nov. ssp., ein tropischer Seeigel aus dem Torton des Wiener Beckens (mit 1 Tafel und 4 Textabbildungen), 17 Seiten. S 7.80

Thenius E.: Anthracotherium aus dem Untermiozän der Steiermark. Beiträge zur Kenntnis der Säugetierreste des steirischen Tertiärs, VI. (mit 1 Textabbildung), 9 Seiten. S 3.80

Thenius E.: Eine neue Rekonstruktion des Höhlenbären (Ursus spelaeus Ros.) (mit 3 Tafeln), 12 Seiten. S 6.40

Zapfe H.: Dinocyon thenardi aus dem Unterpliozän von Draßburg im Burgenland (mit 9 Textabbildungen), 14 Seiten. S 7.40

Zapfe H.: Die Fauna der miozänen Spaltenfüllung von Neudorf a. d. March (ČSR): Insectivora (mit 15 Textabbildungen), 31 Seiten. S 15.—

1952 (S I Bd. 161):

Bachmayer F.: Fossile Libellenlarven aus miozänen Süßwasserablagerungen (mit 1 Tafel), 5 Seiten. S 3.60

Beier M.: Miozäne und oligozäne Insekten aus Österreich und den unmittelbar angrenzenden Gebieten (mit 2 Textabbildungen und 2 Abbildungen auf einer Tafel), 5 Seiten. S 3.90

Berger W.: Pflanzenreste aus dem miozänen Ton von Weingraben bei Draßmarkt (Mittelburgenland) (mit 15 Textabbildungen), 8 Seiten. S 3.80

Berger W. und Zabusch F.: Die Pflanzenreste aus den obermiozänen Ablagerungen der Türkenschanze in Wien (vorläufiger Bericht), 8 Seiten. S 3.30

Papp A.: Über die Verbreitung und Entwicklung von Clithon (Vittoclithon) pictus (Neritidae) und einiger Arten der Gattung Pirenella (Cerithidae) im Miozän Österreichs (mit 1 Textabbildung und 3 Tafeln), 24 Seiten. S 11.80

Thenius E.: Die Boviden des steirischen Tertiärs. Beiträge zur Kenntnis der Säugetierreste des steirischen Tertiärs, VII. (mit 11 Textabbildungen), 31 Seiten. S 13.10

Weinfurter E.: Otolithen aus miozänen Brack- und Süßwasserschichten des Lavanttales in Kärnten (mit 1 Tafel), 7 Seiten. S 3.20

Weinfurter E.: Die Otolithen aus dem Torton (Miozän) von Mühldorf in Kärnten (mit 1 Textabbildung und 2 Tafeln), 23 Seiten. S 11.80

Weinfurter E.: Die Otolithen der Wetzelsdorfer Schichten und des Florianer Tegels (Miozän, Steiermark) (mit 5 Tafeln), 43 Seiten. S 19.—

GPSR Compliance
The European Union's (EU) General Product Safety Regulation (GPSR) is a set of rules that requires consumer products to be safe and our obligations to ensure this.

If you have any concerns about our products, you can contact us on

ProductSafety@springernature.com

In case Publisher is established outside the EU, the EU authorized representative is:

Springer Nature Customer Service Center GmbH
Europaplatz 3
69115 Heidelberg, Germany

www.ingramcontent.com/pod-product-compliance
Ingram Content Group UK Ltd.
Pitfield, Milton Keynes, MK11 3LW, UK
UKHW021927190726
13853UKWH00002B/895
9783662234679